食品安全科普丛书

咖啡物语

中国科协科普部
中国食品科学技术学会　编

中国轻工业出版社

图书在版编目（CIP）数据

咖啡物语 / 中国科协科普部，中国食品科学技术学
会编 . —北京：中国轻工业出版社，2019.5
（食品安全科普丛书）
ISBN 978-7-5184-2371-2

Ⅰ.①咖… Ⅱ.①中… ②中… Ⅲ.①咖啡 – 普及读
物 Ⅳ.①TS273-49

中国版本图书馆CIP数据核字（2019）第014075号

责任编辑：伊双双　　责任终审：张乃柬　　封面设计：锋尚设计
版式设计：锋尚设计　　责任校对：吴大鹏　　责任监印：张　可

出版发行：中国轻工业出版社（北京东长安街6号，邮编：100740）
印　　刷：北京博海升彩色印刷有限公司
经　　销：各地新华书店
版　　次：2019年5月第1版第1次印刷
开　　本：787×1092　1/32　印张：1.875
字　　数：50千字
书　　号：ISBN 978-7-5184-2371-2　定价：20.00元
邮购电话：010-65241695
发行电话：010-85119835　传真：85113293
网　　址：http://www.chlip.com.cn
Email：club@chlip.com.cn
如发现图书残缺请与我社邮购联系调换
181428K1X101ZBW

目 录
CONTENTS

你应该知道的咖啡小常识

如何科学饮用咖啡

咖啡的选购与储藏

咖啡科普小贴士

那些年，我们喝过的咖啡

 咖啡的历史

　　关于咖啡的起源有很多传说，但没有人确切地知道咖啡是何时以及如何被发现的。

① 来自埃塞俄比亚的传说

　　咖啡的历史可以追溯到几个世纪前埃塞俄比亚高原上古老的咖啡灌木林。传说，牧羊人卡尔迪（Kaldi）发现，他的山羊吃了某种树上的浆果后变得精力充沛，即便到了晚上依然很兴奋。卡尔迪把他的发现报告给了当地修道院的院长，修道院院长用这种浆果做了一杯饮料，发现能让自己在晚上长时间的祈祷中保持清醒。于是，关于浆果神奇作用的消息开始传播开来。随着消息传到阿拉伯半岛，这种神奇的豆子开启了走向全球的旅程。

② 16世纪，始于阿拉伯半岛

　　咖啡的种植和贸易始于阿拉伯半岛。公元15世纪，咖啡开始在也门阿拉伯地区种植，16世纪开始在波斯、埃及、叙利亚和土耳其种植。咖啡不仅可以在家里享用，也可以在公共咖啡馆享用。咖啡馆受到当地民众的热烈欢迎，人们经常去咖啡馆参加各种社交活动。顾客们不仅喝咖啡、聊天，还能听音乐、看表演、下棋、了解时事。咖啡馆很快就变成了一个重要的信息交流中心，人们常常称之为"智者的学校"（Schools of the Wise）。

③ 17世纪，兴盛于欧洲

17世纪，咖啡已进入欧洲，并在整个欧洲大陆流行开来。在英国、奥地利、法国、德国和荷兰等国家的主要城市，咖啡馆正迅速成为社会活动和交流的中心。在英国，"便士大学"（Penny University）应运而生，这个称呼的来历是：一个人只要花一便士就可以买一杯咖啡，并参与到令人兴奋的谈话中去。咖啡开始取代当时常见的饮料——啤酒和葡萄酒。那些喝咖啡而不喝酒的人精力充沛，他们的工作效率大大提高。到17世纪中期，伦敦的咖啡馆数量已达300多家。

④ 18世纪，传播至全球

随着对咖啡的需求不断扩大，在阿拉伯半岛以外的地方种植咖啡的竞争也越来越激烈。荷兰人终于在17世纪下半叶得到了咖啡树的幼苗。他们在印度的第一次尝试种植虽然失败了，但他们在巴达维亚（即现在的雅加达）的努力取得了成功。由于这些植物生长得很快，导致荷兰人的咖啡贸易迅速增长。他们随后将咖啡树的种植范围扩大到苏门答腊岛和西里伯斯岛。

传教士、旅行者、商人和殖民者接着把咖啡种子不断带到新的地方，咖啡树开始在世界各地种植。咖啡种植园多建在热带森林和山区高地上，只要气候适合，咖啡树都能够正常生长。这些适合种植咖啡豆的地方位于南回归线及北回归线之间，一般介于北纬25度到南纬30度，涵盖了中非、东非、中东、印度、南亚、太平洋地区、拉丁美洲、加勒比海地区的多数国家，统称为"咖啡生长带"。咖啡促进了贸易经济的发展。18世纪末，咖啡已成为世界上最赚钱的出口作物之一。除了原油，咖啡是世界上最受欢迎的商品。

咖啡的品种

咖啡是茜草科（*Rubiaceae*）咖啡属（*Coffea*）多年生灌木或小乔木，产量、产值和消费量均居三大饮料作物（咖啡、可可、茶）之首。半年苗定植后三年左右开花结果，果实为浆果，咖啡豆及其产品由成熟浆果中含有的种粒加工而成。目前全世界用于栽培的咖啡品种包括小粒种阿拉比卡（*Arabica*）、中粒种罗布斯塔（*Robusta*）、大粒种利比利卡（*Liberica*）和埃塞尔萨（*Excelsa*）等，主要种植和交易的是小粒种和中粒种咖啡。全球约有100多个咖啡品种，都源于这4个咖啡品种。

 咖啡的主要产地及产量

　　世界上咖啡的主要产地有巴西、越南、哥伦比亚、印度尼西亚、洪都拉斯、埃塞俄比亚、印度等国家。我国的云南和海南也有种植。

全球十大咖啡生产国咖啡产量

由前瞻产业研究院整理的数据可以看出，2017年全球十大咖啡生产国中，巴西的产量达到51500千袋，虽较2016年有所减少，但仍居全球领先地位；越南的产量达到28500千袋，同比增长约12%；哥伦比亚、印度尼西亚的产量分别达到14000千袋和10800千袋。其余国家的产量在3500～8500千袋。

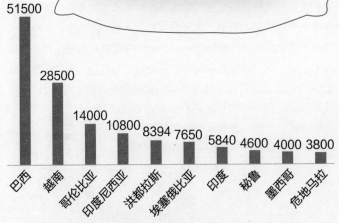

2017年全球十大咖啡生产国咖啡产量（单位：千袋）

资料来源：前瞻产业研究院

 咖啡是怎样生产的？

我们每天享用的咖啡都要经过漫长的旅程才能到达杯中。在种植、采摘和购买咖啡豆的过程中，咖啡豆要经过一系列典型的步骤才能展现出最好的品质。

从咖啡果实到一杯咖啡主要有5个步骤：

根据品种的不同，新种植的咖啡树需要3～4年才能结出果实。采摘后的咖啡果经过处理后，含水率降至11%左右。经过专业评鉴人员的评鉴分级后，咖啡豆被分为不同的等级。在烘焙过程中，咖啡豆经过加热，内部温度达到大约200℃时，咖啡豆的颜色开始变成棕色，咖啡因——这种锁在咖啡豆内部的芳香物质开始出现。这种被称为热解的过程是烘焙的核心，由此产生咖啡的味道和香气。咖啡豆经过研磨后变成便于冲泡的颗粒状，咖啡颗粒研磨的粗细程度取决于冲泡的方法。掌握一些基础知识将帮助你完善冲调技术，以获得一杯属于自己的独特咖啡。

速溶咖啡是如何生产的?

与现磨咖啡相比,速溶咖啡生产过程的不同之处在于:将烘焙后的咖啡豆研磨成粉状后,通过萃取获得浓郁的咖啡浓缩液体,再去除浓缩液体中的水分,此时的咖啡结晶便是速溶咖啡粉,加水冲泡即可饮用。也可以在速溶咖啡粉中添加不同的风味物质,以满足不同人群的口味喜好。

速溶咖啡生产工艺

 STEP 1 将成熟的咖啡果从咖啡树上摘取下来

STEP 2 精心挑选的青豆被分级和分类

STEP 3 咖啡豆经过烘焙，从青豆转变成芳香的棕豆

STEP 4 将新鲜烘焙的咖啡豆磨碎

STEP 5 新鲜现磨的咖啡豆粉经过萃取，获得浓郁的咖啡浓缩液体

STEP 6 将咖啡浓缩液的水分去除

STEP 7 任何时候都能给你带来一杯让你满意的完美咖啡

什么是胶囊咖啡？

　　胶囊咖啡（Coffee Capsule）是一种特殊的咖啡消费品。即将经过烘焙、研磨后的咖啡粉于4小时之内密封在一种特制的胶囊里，饮用时将其放进专用咖啡机，采用标准程序萃取制备而成的咖啡。

胶囊咖啡与现磨咖啡的区别

现磨咖啡是利用手动或自动方式将新鲜的咖啡豆磨成咖啡粉，然后利用滤纸滤杯、法压壶、虹吸壶等工具冲泡而成。经过烘焙、研磨处理的咖啡粉对周围环境非常敏感，不易保存。而胶囊咖啡是将经烘焙、研磨后的咖啡粉快速密封在避光、干燥并且充满惰性气体的胶囊里，这样既节省了每次冲泡前的烘焙、研磨等工序，又最大程度地减少了咖啡粉中芳香物质的损失，保留了咖啡的原有风味和口感。

 什么是去（脱）因咖啡？

由于身体状况或其他原因，有些人必须减少咖啡因的摄入量，但又想品尝咖啡的美味，因此便出现了去（脱）因咖啡和低因咖啡。

去（脱）因咖啡是指去除了咖啡因的咖啡。低因咖啡是指去除了部分咖啡因的咖啡。

什么是三合一咖啡?

三合一咖啡是指将咖啡、奶精和糖按照一定比例混合而成的速溶咖啡。三合一咖啡便于携带、方便冲泡，不需要太多的冲泡技巧和冲调设备，从而提高了大众的接受度，成为咖啡世界中不可缺少的品类。

什么是咖啡伴侣?

咖啡中经常使用植脂末。植脂末又称奶精,主要成分是氢化植物油、葡萄糖浆和酪蛋白酸钠。植脂末之所以经常与咖啡"相伴相随",是因为它能增强咖啡的速溶性和冲调性,改善咖啡的风味,赋予其"奶感",让咖啡更美味可口。与咖啡一起使用的植脂末,有时候还有一个更加浪漫的名字——咖啡伴侣,更能体现出植脂末对于咖啡的重要性。

什么是花式咖啡?

　　花式咖啡是加了调味品或其他饮品的咖啡，比如平时在咖啡厅常见的拿铁(Latte)、卡布奇诺(Cappuccino)都属于花式咖啡。花式咖啡有两种基本款：以意式浓缩咖啡为基本款制成的花式咖啡，如拿铁、卡布奇诺、康宝蓝、摩卡咖啡等；以黑咖啡为基本款制成的花式咖啡，如维也纳咖啡、皇家咖啡等。

咖啡中含有的主要成分

咖啡中的成分非常丰富，含有碳水化合物、脂肪、蛋白质、矿物质和粗纤维等，此外还含有咖啡因、绿原酸、酯类化合物、单宁等。

咖啡的风味物质极其复杂，其中的**挥发性物质和非挥发性物质协同作用决定着咖啡风味品质的好坏。咖啡的香气成分主要从咖啡的烘焙过程中产生**，在烘焙过程中主要发生了美拉德反应和焦糖化反应，产生了香气挥发性成分；未烘焙的生咖啡豆没有任何香气。美拉德反应是羟基和氨基的反应，对于生咖啡豆来说，主要是蛋白质、氨基酸和糖的反应。

研究者已经在烘焙咖啡的风味物质中鉴定出907种香气组成，但并非每种化合物都是特征香气成分。咖啡中的特征香气成分主要有28种，这些香气成分分别具有甜味/焦糖味、烘焙味（坚果类、巧克力类）、烟熏味、酚类味、花果味、辛辣味等。

如何科学饮用咖啡

咖啡的每日推荐饮用量是多少?

成年人每天咖啡饮用量为3～5杯

根据欧盟标准推荐，健康成年人每天咖啡饮用量为3～5杯。建议消费者根据自身情况，合理掌握饮用频次和饮用量，过量饮用咖啡会增加身体的负担。咖啡作为饮品，其摄入量通常以杯为单位，每杯约150毫升。

咖啡的最佳饮用时间

饮用咖啡的最佳时间是上午。美国神经科学家计算出每天喝咖啡的最佳时间是在上午9:30—11:30。这是因为咖啡因可与人体中的一种重要激素皮质醇发生相互作用，在这段时间内达到最优状态。需要提醒的是，空腹状态下尽量不要饮用咖啡，晚餐后也不建议饮用，以免影响睡眠。特殊人群中，孕妇要减少咖啡摄入量，每天不要超过2杯；高血压患者应注意饮用咖啡的时间，尽量不要在早晨空腹饮用，避免血压快速升高。

 咖啡及咖啡制品不能和哪些食物
共同食用?

　　研究表明,边喝咖啡边吸烟的不良习惯对健康极为有害。这是由于咖啡中的主要成分咖啡因在香烟中的尼古丁等诱变物质的作用下,很容易使身体中的某些组织发生突变,甚至导致癌细胞的产生。因此,在饮用咖啡的时候,一定要摒弃吸烟的习惯。另外,咖啡与酒同饮,或用咖啡解酒会加重酒精对肝脏的损害。

冲泡速溶咖啡的适宜水温是多少？

市售速溶咖啡的外包装上"使用方法"中注明"加入热水"冲泡，一般速溶咖啡的冲泡水温控制在80～90℃，温度太高，咖啡味道会变得更苦；温度过低，咖啡会更酸。在加热水的过程中，如果快速将水注满杯子会发现杯底有少许咖啡不能溶解，因此冲泡咖啡时要先加一点热水溶解，再加满水。

 速溶咖啡与水的黄金比例

速溶咖啡在冲泡过程中，若加水太多会丧失咖啡特有的醇厚香味；若加水太少，冲泡出的咖啡过于浓稠，且会有咖啡粉不溶解。日本咖啡协会建议：每1茶匙速溶咖啡粉，加入150毫升热水。当然也可根据个人的口味喜好酌情增减。

添加辅助物质，增加咖啡口感

添加少许
食用盐

在烘焙甜点时，经常会在原料中放少许食用盐，这样可以有效地激发糖的甜味。而在冲泡咖啡的过程中加入一点点盐，既能去掉咖啡的苦涩，还能使咖啡的味道更香，口感温润滑顺。

加入牛奶

在冲泡咖啡的过程中加入牛奶，可以淡化咖啡的苦涩感，使口感更富层次、更爽滑，喝起来更像拿铁。

避免早上空腹喝咖啡

咖啡中含有咖啡因，能刺激胃酸分泌，增加胃酸浓度。

经过一夜休息后，胃肠道处于排空状态，过多的胃酸易损伤胃黏膜，引起胃痛、烧心甚至恶心等。此外，空腹喝大量浓咖啡，还可能导致心跳加速、胸闷、心悸等不适。

并且，咖啡会加速身体对能量的消耗，早上空腹喝很可能导致低血糖。如果想早上喝一杯咖啡提提神，最好是吃完早饭后再喝，既保护胃肠，又能为身体增加能量，提高工作效率。

喝现磨咖啡不要加过多的糖

不少人接受不了现磨咖啡的单一苦涩味道，喜欢往里面加入大量糖调味。鉴于过量吃糖可能引起超重和肥胖，并导致龋齿等，世界卫生组织（WHO）和《中国居民膳食指南（2016）》提出，每天添加糖的摄入量不应超过50克，最好控制在25克以下。建议喝现磨咖啡时不要加糖或少加糖，学会享受纯咖啡的香味，也可加些牛奶增香。

熬夜时不要大量喝咖啡

咖啡中的咖啡因确实有提神效果，但大量饮用会造成体内代谢速度加快，同时加速B族维生素消耗，而B族维生素缺乏的人更容易感到疲劳，这时就会想喝更多咖啡，长此以往，形成恶性循环。此外，有研究显示，睡前喝大量咖啡，可让人体的生物钟往后推移，变成"晚上睡不着、早上睡不醒"的夜猫子。另外，咖啡因有利尿作用，喝了咖啡后会频繁上厕所，这样不仅会中断自己的工作，还会造成人体缺水，而水分不足也会产生疲惫感和睡意。尽量不要熬夜，如果工作需要，晚餐时可吃杂粮饭或喝些杂粮粥，杂粮中含有较丰富的B族维生素和碳水化合物，会让人不易饿，减少疲劳感。

咖啡的选购与储藏

速溶咖啡的保质期是多久?

速溶咖啡的保质期一般是两年，但不同品牌、不同类型、不同储存季节的咖啡保质期也有差异。具体保质期应以产品标签上的标识为准。

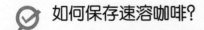

如何保存速溶咖啡?

速溶咖啡是咖啡豆经焙炒和粉碎后得到纯咖啡,再经提取和真空浓缩而成的粉粒状咖啡,可以随时冲泡,开水中即溶。速溶咖啡应储存在干燥、阴凉的地方,一般不放置在冰箱中,以免吸收湿气。采用锡箔袋包装的咖啡,能最大程度地帮助咖啡保持原有香味,并且不会使咖啡粉与空气接触而发霉。若打开封装后不立即食用,应购买带有单向排气阀的咖啡袋或咖啡罐,然后把咖啡放在里面储存。单向排气阀能阻隔外面的氧气进入容器内,避免咖啡氧化而导致香味迅速散发,从而保证咖啡的风味不变。

 ## 如何挑选咖啡豆?

选用新鲜的咖啡豆。在购买时注意豆的颜色和颗粒的大小是否一致，好的咖啡豆外表光鲜有光泽，并带有浓郁的香气而没有异味。不论是哪一种咖啡豆，新鲜度都是影响质量的重要因素。选购时，抓一两颗咖啡豆在嘴中嚼一下，要清脆有声（表明咖啡未受潮）、齿颊留香才是上品。另外，最好用手捏捏，感觉一下是否实心，从而避免买到脆壳的咖啡。咖啡豆的大小也是选择时需要关注的条件之一，购买时抓一把单品咖啡豆，大约数十颗的分量，看一看每颗单豆的颜色是否一致，颗粒大小、形状是否相仿，以免买到以混豆伪装的劣质品。

如何保存咖啡豆?

　　烘焙后的咖啡豆应保存在密闭容器中,避免与水分和氧气接触。咖啡豆磨成粉后,其带有的香气便会向周围空间逸散,因此,为尽量保存咖啡的香气,应以未磨碎的状态保存咖啡豆。此外,为尽可能减缓咖啡豆的变质,在室内保存时,应尽量控制温度在10~20℃,过高的温度会加快咖啡豆内部物质变质的速度。

　　若在冰箱冷冻室内保存咖啡豆,应将咖啡豆保存在密封性良好的容器中,防止咖啡豆接触到冰箱中的湿气。在从冷冻室取出后,应在室温下放置一段时间,待咖啡豆温度接近室温时再研磨。

咖啡标签中反式脂肪酸标注为"0"，是不是真的不含反式脂肪酸?

《食品安全国家标准 预包装食品营养标签通则》（GB 28050—2011）规定，食品配料中含有或者在生产过程中使用了氢化油和（或）部分氢化油脂，或者使用的配料中含有以氢化油和（或）部分氢化油脂为主要原料的产品时，应标示反式脂肪酸含量。而营养标签中的"0"界限值是指能量或者某种成分含量小于界限值而不具备实际意义时可以标"0"。也就是说，咖啡标签中反式脂肪酸标为"0"并不代表其中完全不含反式脂肪酸，而是反式脂肪酸的量很低，远远小于规定的限值。

如何读懂预包装咖啡标签配料表

根据《食品安全国家标准 预包装食品标签通则》（GB 7718—2011），各种配料应按制造或加工食品时加入量的递减顺序一一排列；加入量不超过2%的配料可以不按递减顺序排列。也就是说，配料表中含量越多的成分排列越靠前。比如选购咖啡时，如果是纯咖啡，配料表上标示的是咖啡或者咖啡豆；如果是速溶咖啡，配料表标示的可能依次是植脂末、酪蛋白、乳化剂、白砂糖等。

 为什么有些速溶咖啡配料表里会显示含有二氧化硅？

在食品工业中，二氧化硅可以用作食品添加剂。二氧化硅能解决产品因吸潮受压形成的结块，同时具有吸附作用，是一种优良的流动促进剂，可用于蛋粉、奶粉、可可粉、糖粉、植物性粉末、速溶咖啡和食用香料等粉末食品中。

咖啡科普小贴士

长期饮用咖啡会产生依赖性吗?

长期饮用咖啡是否会产生依赖性，这种情况因人而异。适量饮用咖啡者并不会对咖啡因产生身体依赖。咖啡因是一种温和的中枢神经系统兴奋剂，有关脑部扫描的科学研究表明，适量饮用并不会使人对咖啡因产生身体依赖。多数人喝咖啡，只是因为他们喜欢咖啡的味道和香味，并不认为它是一种行为兴奋剂。

也有研究表明，从饮食中去除咖啡因后，会有小部分人群出现轻度、暂时性的脱瘾症状，比如头痛、嗜睡等。这些症状一般在停止摄入咖啡因12~24小时后开始，在20~48小时后达到峰值。随着时间的推移，从饮食中逐渐减少咖啡因的摄入量，可以避免这些症状。

饮用咖啡是否会影响睡眠?

在合适的时间、适量饮用咖啡不会影响睡眠。咖啡因可加速人体新陈代谢,使人保持头脑清醒,改善人体的精神状态和体能。咖啡因具有一定的中枢神经兴奋作用,具有提神效果,因此不建议晚饭后饮用。人体对咖啡因的反应存在较大个体差异,建议根据自身情况酌情控制饮用频次和饮用量。

饮用咖啡是否会增加骨质疏松的风险？

适量饮用咖啡，不会增加骨质疏松的风险。《原发性骨质疏松症诊疗指南（2017）》提示，过量饮用含咖啡因的饮料会影响钙的吸收，增加骨质疏松的风险。国际骨质疏松协会、美国国家骨质疏松协会认为，每天的咖啡摄入量以控制在3杯以内为宜。对于骨质疏松患者来说，除适当控制含咖啡因饮料的摄入量外，还应当保持膳食平衡，以确保足量的钙和维生素摄入，并辅以适度的运动和阳光照射。

对于健康成年人来说，在咖啡中加入适量牛奶或奶制品，能够有效地增加钙的摄入量。

饮用咖啡是否会让人发胖?

咖啡本身热量非常低。根据《食品安全国家标准 预包装食品营养标签通则》（GB 28050—2011），能量的营养素参考值（NRV）为8400千焦。按照每杯咖啡约150毫升，含1.8克咖啡来计算，一杯咖啡的能量约为23千焦。一杯咖啡在每日营养参考值中仅占0.3%，是相当微小的。

但是由于中国人的饮食习惯，在饮用咖啡时添加糖、奶/奶油或其他调味品会导致摄入更多的热量。需要控制体重及能量摄入的人群可以饮用不添加糖的咖啡，或添加脱脂奶替代全脂奶。

饮用咖啡是否增加患糖尿病的风险?

中国营养学会在《食物与健康——科学证据共识》中指出,适量饮用咖啡(每天3~4杯)可能会降低患2型糖尿病的风险。国际糖尿病联盟、美国糖尿病协会等机构认为,糖尿病患者可以适量饮用咖啡,纯咖啡可以作为健康膳食的一部分。糖尿病患者喝咖啡时,应当注意控制添加糖的摄入量。

少糖

饮用咖啡是否会致癌？

2016年，国际癌症研究机构（IARC）对现有研究进行综合分析后认为，没有足够的证据显示喝咖啡会增加人类患癌症的风险。2017年，国际癌症研究基金会（WRCF）发布的报告指出，目前没有证据显示喝咖啡会使人致癌，同时有部分证据表明，咖啡能降低患某些癌症的风险，例如乳腺癌、子宫内膜癌及肝癌。2015年，《美国膳食指南》专家委员会的评估发现，饮用咖啡可以降低患肝癌的风险，并呈剂量关系。

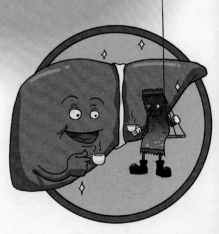

咖啡物语

饮用咖啡是否会增加健康成人患心脏病和心血管疾病的风险?

美国心脏病协会、欧洲心脏病学会、澳大利亚国家卫生和医学研究协会等机构认为,健康成年人适量饮用咖啡(每天1~2杯咖啡)不会增加患心脏病和心血管疾病的风险。但需要提示的是,部分对咖啡因敏感的人可能会出现心跳加速、恶心、头晕等不适感。建议消费者根据自身情况调整饮用频次及饮用量。

适量饮用

心血管科

2杯

长期饮用咖啡后，是否需要加大量才能起到提神的作用？

健康量

　　咖啡内含咖啡因、绿原酸、多酚等诸多物质，对于人体健康皆有一定的影响，适量摄取并不会造成健康上的威胁，反而有正面的帮助。但长期过量饮用咖啡，可能会产生不适。

在摄取量上，应尽量控制每天的咖啡因摄取量不超过300毫克。

长期饮用咖啡会影响味觉敏感性吗?

目前尚未有研究表明,长期饮用咖啡会降低味觉敏感性,但仍应适量饮用,且浓度不宜过高。

咖啡会刺激肠胃吗?

如果餐前饮用咖啡,由于胃部受到咖啡因刺激,会增加胃液分泌,对胃溃疡等患者不利。如果在餐后饮用咖啡,因为促进了胃液分泌,对消化有一定的益处。

用餐时间

咖啡对于身体体液平衡有什么贡献?

　　每天适量饮用咖啡有助于满足每天的液体摄入量。保持身体的体液平衡对健康至关重要。《中国居民膳食指南（2016）》建议成年人每天平均摄入7~8杯水（1500~1700毫升）。

咖啡被认为是饮食中重要的液体来源，可以帮助保持身体的体液平衡。2015年《美国膳食指南》推荐，每天饮用3~5杯咖啡可作为均衡饮食和生活方式的一部分。

怀孕和哺乳期是否应该避免喝咖啡？

不建议孕妇和乳母喝咖啡，如果饮用，每天不超过2杯。

孕期少量饮用咖啡是安全的（每天不超过2杯）。加拿大卫生部、美国妇产科学会、美国孕产协会等机构认为，孕期可少量饮用咖啡（每天不超过150～300毫克咖啡因，约2杯）。

儿童和青少年是否应该避免喝咖啡？

儿童和青少年应当控制咖啡因的摄入。美国儿科学会的建议是儿童和青少年不喝咖啡。美国食品药品监管局、欧盟食品安全局、加拿大卫生部、澳新食品标准局等机构认为，儿童和青少年每天的咖啡因摄入量不超过每千克体重2.5～3毫克（对于30千克重的儿童和青少年来说，为75～90毫克咖啡因）是安全的。

那些年，我们喝过的咖啡

卡布奇诺咖啡

浓缩咖啡半杯
牛奶200毫升
可可粉/肉桂粉适量

方 法 ☕

　　用打奶器将200毫升牛奶打出奶泡，用咖啡勺把最上面比较粗的奶泡舀出。也可以在牛奶的上面撒上可可粉或肉桂粉，用作装饰并防止牛奶起皮。根据想要的形状晃动手腕，用含有奶泡的牛奶在浓缩咖啡上拉出想要的形状。

小贴士 ☕

一杯地道的意大利卡布奇诺咖啡，需要半杯浓缩咖啡和半杯打成泡沫状的牛奶，牛奶的打发温度通常是70℃。

 拿铁咖啡

材 料

浓缩咖啡三分之一杯
牛奶三分之二杯

方 法

取三分之二杯牛奶，将其置于意式浓缩咖啡机的蒸汽喷嘴下，制作成高温的牛奶与奶泡混合体。匀速晃动，使奶泡与牛奶完全融合，将其倒入浓缩咖啡中，也可以根据喜好拉出想要的图案，这样就完成了一杯意式拿铁。

小贴士

拿铁咖啡的一般成分是三分之一的浓缩咖啡加三分之二的鲜奶，它与卡布奇诺相比，有更多鲜奶味道。

摩卡咖啡

材 料

牛奶200毫升
浓缩咖啡200毫升
可可粉10克
鲜奶油100毫升
巧克力酱100毫升

方 法

将牛奶用微波炉高火加热2分钟，加入可可粉搅拌均匀。将可可牛奶倒入浓缩咖啡中搅拌均匀。鲜奶油打至5分发。将打发好的鲜奶油挤入咖啡杯中。在奶油表面加上巧克力酱，用竹签勾勒出想要的形状即可。

小贴士

摩卡咖啡中浓缩咖啡、巧克力酱、热牛奶和鲜奶油的比例一般为2：1：2：1。奶油打发得要恰到好处，打发不够无法支撑巧克力酱；打发过度，则品相不漂亮。

 焦糖玛奇朵咖啡

材 料 ☕

浓缩咖啡100毫升
鲜奶300毫升
焦糖膏15毫升
焦糖糖浆15毫升

方 法 ☕

　　将鲜奶打成奶泡并搅拌均匀，在500毫升咖啡杯中加入100毫升浓缩咖啡，加入鲜奶及奶泡至咖啡杯全满。在杯中加入15毫升焦糖糖浆，在奶泡上用焦糖膏画出网格状图案即可。

小贴士 ☕

打奶泡时将表面比较粗糙的部分去除，留下比较绵密的奶泡。若喜欢其他口味，还可以在玛奇朵咖啡中加入香草等其他成分。